James Elsheikh Kur
Nooradin Fadol

Defeitos de soldadura e acções preventivas

James Elsheikh Kur
Nooradin Fadol

Defeitos de soldadura e acções preventivas

ScienciaScripts

Imprint

Cover image: www.ingimage.com

This book is a translation from the original published under ISBN 978-3-330-35197-4.

Publisher:
Sciencia Scripts
is a trademark of
Dodo Books Indian Ocean Ltd. and OmniScriptum S.R.L publishing group

120 High Road, East Finchley, London, N2 9ED, United Kingdom
Str. Armeneasca 28/1, office 1, Chisinau MD-2012, Republic of Moldova, Europe
Printed at: see last page
ISBN: 978-620-7-65717-9

Dedicação

à alma da minha mãe, ao meu pai, à minha mulher e aos meus filhos,

aos meus colegas agues

RECONHECIMENTO

Agradeço a Deus por me ter dado saúde e força que me permitiram concluir este estudo. Os meus profundos agradecimentos e apreço ao meu supervisor, Dr. Nooraldin Idriss Fadol, por me ter dado tempo. Estou igualmente grato ao professor de NDT ENG Mohammed Abdalla Mohammed pela ajuda que me deu. Agradeço a ajuda do departamento de NDT do Centro Técnico do Petróleo - Cartum. Gostaria de agradecer ao Dr. Hasabelra- soul Gsemallah por me ter ajudado a organizar a ideia desta investigação. Agradeço também ao pessoal da Universidade de Albutana, em particular ao departamento de física.

Abreviaturas:

Abbreviations	Acronyms
MMA	Manual Metal Arc
TIG	Tungsten Inert Gas
MIG	Metal Inert Gas
MAG	Metal Active Gas
SAW	Submerged Arc Welding
FCAW	Flux Cored Arc Welding
MCAW	Metal Cored Arc Welding
DC+ve	Positive Direct Current
DC-ve	Negative Direct Current
AC	Alternating Current
AGFA D4	Fast film

LISTA DE CONTEÚDOS

CAPÍTULO 1
INTRODUÇÃO

1.1 Visão geral:

Os defeitos na soldadura podem ser definidos como irregularidades no metal de solda produzidas devido a parâmetros de soldadura incorrectos, procedimentos de soldadura errados ou combinação errada de metal de adição e metal de base. Os defeitos de soldadura podem afetar grandemente o desempenho e a longevidade da soldadura. O estudo mostra alguns tipos de defeitos na soldadura e acções preventivas dos mesmos, tendo sido seleccionados cinco defeitos de soldadura: porosidade, inclusão de escória, falta de penetração, corte inferior e fissuras. Para detetar os defeitos estão sendo utilizados os métodos práticos de ensaios não destrutivos (VT, RT, MT, PT, e UT) após a soldagem da amostra de aço carbono por soldagem a arco (eletrodo 7018). Os objectivos deste estudo foram determinar o defeito de soldadura do aço carbono metálico e identificar os defeitos de soldadura para saber como preveni-los. As causas dos defeitos, como a porosidade, são causadas por humidade, eléctrodos danificados, quando se soldam materiais contaminados e sujos. As inclusões de escória são causadas por uma técnica de soldadura deficiente. A falta de penetração é causada por ajustes incorrectos dos amperes, da abertura da raiz e da largura da face. Subcorte causado por amperagem demasiado elevada para a posição e velocidade de deslocação da técnica de soldadura. Fissuras causadas pelo tipo de elétrodo incorreto, controlo de eléctrodos básicos revestidos e súbito da amostra por água fria. O resultado indicou que todos os métodos de NDT dão os mesmos resultados. O estudo recomenda a continuação da investigação neste domínio para verificar a existência dos restantes defeitos e identificar as causas e o tratamento dos mesmos.

1.2 problema de estudo:

O pesquisador seleccionou cinco defeitos entre muitos defeitos, porque muitos estudos seleccionaram um defeito como (Jun Zhou e Hai-Lung Tsai, 2013) que seleccionaram a Formação e Prevenção da Porosidade na Soldadura por Laser Pulsado e outro pesquisador (ARATA Yoshiaki, 2012) seleccionou a caraterística das porosidades de soldadura utilizando

Soldadura por feixe de electrões. Mas o problema é porque é que o investigador seleccionou um defeito? É por isso que o investigador selecciona cinco defeitos de soldadura de aço carbono metálico para expandir a tese utilizando métodos de ensaio não destrutivos depois de soldar a amostra por soldadura por arco.

1.3 objectivos do estudo:

- Determinar o defeito de soldadura do metal aço carbono.
- Identificação de defeitos de soldadura, causas e métodos de tratamento.

1.4 Metodologia e materiais:

O estudo foi concebido para realizar o defeito de soldadura do aço carbono metálico e o método experimental foi seguido pela utilização de ensaios não destrutivos (END) como o ensaio visual (VT), o ensaio radiográfico (RT), o ensaio de partículas magnéticas (MT), o ensaio de penetração de líquidos (PT) e o ensaio ultrassónico (UT). Materiais: Dispositivo de fluorescência de raios X, aço carbono e radiação de raios X, painel de controlo, dispositivo yoke, detetor de fluxo ultrassónico e eléctrodos.

1.5 Apresentação da tese:

Esta tese é composta por cinco capítulos: capítulo um: introdução, capítulo dois: contém a fundamentação teórica e a revisão da literatura, capítulo três: materiais e métodos, capítulo quatro: resultados e discussão, capítulo cinco: contém conclusões e recomendações.

CAPÍTULO 2

CONTEXTO TEÓRICO E REVISÃO DA LITERATURA

VISUALIZAR

2.1 Introdução:

Este capítulo contém informações sobre o processo de soldadura, os defeitos de soldadura e os tipos de eléctrodos. A soldadura é o processo de fusão de mais do que uma peça de material na sua superfície de contacto através da aplicação adequada de pressão ou calor, ou ambos, em simultâneo. A soldadura proporciona um método para unir peças metálicas no que diz respeito ao custo de fabrico e à utilização de materiais. Uma boa soldadura torna uma junta permanente mais robusta do que o material de base. Mas os defeitos de soldadura que surgem durante a soldadura devido à falta de mão de obra qualificada, falhas técnicas, etc., podem conduzir a resultados catastróficos se não forem detectados, particularmente nas indústrias de tubagens e nuclear.

2.2 As características comuns dos quatro principais processos de soldadura por arco, MMA, TIG, MIG/MAG e SAW são

- Um arco é criado quando ocorre uma descarga eléctrica através do espaço entre um elétrodo e o metal de base.
- A descarga provoca a formação de uma faísca que provoca a ionização do gás circundante.
- O gás ionizado permite que uma corrente flua através do espaço entre o elétrodo e o metal de base, criando assim um arco.
- O arco gera calor para a fusão do metal de base.
- Com exceção da soldadura TIG, o calor gerado pelo arco também provoca a fusão da superfície do elétrodo e as gotículas fundidas podem ser transferidas para o banho de solda para formar um cordão ou cordão de solda.
- A entrada de calor na zona de fusão depende da tensão, da corrente do arco e da

velocidade de soldadura e de deslocação **(Training welding ltd, 2010).**

2.3 Entrada de calor: A energia do arco é a quantidade de calor gerada no arco de soldadura por unidade de comprimento de soldadura, e é normalmente expressa em quilojoules por milímetro de comprimento de soldadura (KJ/MM). A entrada de calor (HI) para a soldadura por arco é calculada a partir da seguinte fórmula:

$$\text{Arc energy (kJ/mm)} = \frac{\text{volts x Amps}}{\text{travel speed}\left(\frac{mm}{sec}\right)\text{x1000}} \qquad (2.1)$$

A entrada de calor é a energia fornecida pelo arco de soldadura à peça de trabalho e é expressa em termos de energia do arco x eficiência térmica do arco **(Training welding ltd, 2010).**

O fator de eficiência térmica é a relação entre a energia térmica introduzida no arco de soldadura e a energia eléctrica consumida pelo arco. Os valores de entrada de calor na soldadura para vários processos podem ser calculados a partir da energia do arco, multiplicando-a pelos seguintes factores de eficiência térmica;

Tabela (2.1): apresenta os factores de eficiência térmica

Welding processes	Thermal efficiency factor
SAW(wire electrode)	1.0
MMA(covered electrode)	0.8
MIG/MAG	0.8
FCAW(with or without gas shield)	0.8
TIG	0.6
Plasma	0.6

É feita uma soldadura utilizando o processo de soldadura MAG e foram registadas as seguintes condições de soldadura;

Tabela (2.2): mostra as condições de soldadura

Volts	amperage	Travel speed
24V	240A	300mm per minute

Calcule a entrada de calor a partir da equação (2.1):

Arc energy (KJ/mm) $= \frac{24x240}{\left(\frac{300}{60}\right)x1000}$

Arc energy (KJ/mm) $= \frac{5760}{5000}$

Arc energy = 1.152 or 1.2KJ/mm

Heat input = 1.2 x0.8 = 0.96KJ/mm

A entrada de calor é influenciada pela velocidade de deslocação. A posição de soldadura e o processo têm uma grande influência na velocidade de deslocação que pode ser utilizada **(Training welding ltd, 2010).**

Para a soldadura manual e semi-automática, os princípios gerais são os seguintes:

- A progressão vertical ascendente tende a dar a maior entrada de calor porque há necessidade de tecer para obter um perfil adequado e a velocidade de deslocação para a frente é relativamente lenta.
- A soldadura vertical descendente tende a proporcionar a menor entrada de calor devido à velocidade de deslocação rápida que pode ser utilizada.
- A soldadura horizontal-vertical é uma posição de soldadura com um aporte térmico relativamente baixo, uma vez que o soldador não pode tecer nesta posição.
- A soldadura por sobreposição tende a proporcionar uma baixa entrada de calor devido à necessidade de utilizar uma corrente baixa e uma velocidade de deslocação relativamente rápida.
- Os processos de soldadura por arco, SAW tem potencial para dar a maior entrada de calor e as maiores taxas de deposição e TIG e MIG/MAG podem produzir uma entrada de calor muito baixa.

Polaridade: A polaridade determina se a maior parte da energia do arco está concentrada na superfície do elétrodo ou na superfície do material de base. A localização do calor em relação à polaridade não é a mesma para todos os processos e os efeitos/opções/benefícios para cada um dos principais processos de soldadura por arco estão resumidos na tabela abaixo

Process	Polarity		
	DC+ve	DC-ve	AC
MMA	Best penetration	Less penetration but higher deposition rate(used for root passes and weld over-laying)	Not suitable for some electrodes. Minimizes arc blow.
TIG	Rarely used due to tungsten overheat-ing	Used for all metals- except Al/Al al-loys(and Mg/Mg al-loys)	Required for Al/Al alloys to break-up the re-fractory oxide film
GMAW solid wires (MIG/MAG)	Used for all metals and virtually all situations	Rarely used	Not used
FCAW/MCAW Gas-shielded and self-shielded cored wires	Most common	Some positional basic fluxed wires are de-signed to run on –ve; some metal cored wires may also be used on –ve particular-ly for positional weld-ing.	Not used
SAW	Best penetration	Less penetration but higher deposition rate (used for root passes and overlaying)	Used to avoid arc blow- particularly for multi-electrode systems

2.4 Consumíveis para soldadura MMA:

Os consumíveis de soldadura para MMA são constituídos por um fio central com um comprimento típico de (350 a 450) mm e um diâmetro de (2,5 a 6) mm. Estão disponíveis outros comprimentos e diâmetros. O fio é coberto com um revestimento de fluxo por extrusão. O fio de núcleo é geralmente de aço de baixa qualidade, uma vez que a soldadura pode ser considerada como uma fundição e, por conseguinte, a soldadura pode ser refinada pela adição de agentes de limpeza ou de refinação no revestimento de fluxo. O revestimento de fluxo contém muitos elementos e compostos que têm uma variedade de funções durante a soldadura. O silício é adicionado principalmente como agente desoxidante (sob a forma de ferro-silicato), que remove o oxigénio do metal de solda através da formação do óxido de sílica. As adições de manganês até 1,6% melhoram a resistência e a tenacidade do aço. São adicionados outros compostos metálicos e não metálicos que têm muitas funções, algumas das quais são:

- Ajuda à ignição do arco.
- Melhorar a estabilização do arco.
- Produzir um gás de proteção para proteger a coluna de arco.
- Afinar e limpar o metal de solda solidificado.
- Forma uma escória que protege o metal de solda solidificado.
- Adicionar elementos de liga.
- Controlar o teor de hidrogénio do metal de solda.
- Formar um cone na extremidade do elétrodo, que orienta o arco.

Os eléctrodos para MMA/SMAW são agrupados em função do seu principal constituinte. O revestimento de fluxo, por sua vez, tem um efeito importante nas propriedades da soldadura e na facilidade de utilização **(Mohammed, 2016)**.

Quadro (2.3): mostra os grupos comuns

Group	Constituent	Shield gas	Uses	AWS A 5.1
Rutile	Titanium	Mainly CO2	General purpose	E 60 13
Basic	Calcium compounds	Mainly CO2	High quality	E 70 18
cellulosic	Cellulose	Hydrogen +CO2	Pipe root runs	E 60 10

2.5 Tipo de elétrodo consumível:

Para a soldadura (MMA), existem três tipos de fluxo que cobrem os eléctrodos rutílicos: Contêm uma elevada proporção de óxido de titânio (Rutilo) no revestimento. O óxido de titânio promove uma fácil ignição do arco, um funcionamento suave do arco e poucos salpicos. Estes eléctrodos são eléctrodos de uso geral com boas propriedades de soldadura. Podem ser utilizados com fontes de energia AC e DC e em todas as posições. Os eléctrodos são especialmente adequados para soldar juntas de filete na posição horizontal/vertical (H/V) **(TWI ltd, 2010)**.

2.5.1 Características dos eléctrodos de rutilo:

- Propriedades mecânicas moderadas do metal de soldadura
- Bom perfil do grânulo produzido pela escória viscosa
- Soldadura posicional possível com uma escória fluida (contendo fluoreto)
- Facilmente removível

2.5.2 Eléctrodos de base: Contêm uma elevada proporção de carbonato de cálcio e fluoreto de cálcio no revestimento. Isto faz com que o revestimento de escória seja mais fluido do que o revestimento de rutilo - isto é também um congelamento rápido que auxilia a soldadura na posição vertical e suspensa. Estes eléctrodos são utilizados para a soldadura de peças de secção média e pesada, onde é necessária uma maior qualidade de soldadura, boas propriedades mecânicas e resistência à fissuração **(TWI**

ltd, 2010).

2.4.1 Características dos eléctrodos de base:

- Metal de solda com baixo teor de hidrogénio
- Requer correntes/velocidades de soldadura elevadas
- Perfil do talão deficiente (perfil de superfície convexo e grosseiro)
- Difícil remoção de escórias

2.4.2 Eléctrodos celulósicos: Contêm uma elevada proporção de celulose no revestimento e caracterizam-se por um arco profundamente penetrante e uma taxa de queima rápida, o que permite velocidades de soldadura elevadas. O depósito de soldadura pode ser grosseiro e com escória fluida. Estes eléctrodos são fáceis de utilizar em qualquer posição e são conhecidos pela sua utilização na técnica de soldadura em tubo de fumo **(Training welding, 2010).**

2.4.3 Características dos eléctrodos celulósicos:

- Penetração profunda em todas as posições
- Adequação para soldadura vertical descendente
- Propriedades mecânicas razoavelmente boas
- Elevado nível de hidrogénio gerado - risco de fissuração na zona afetada pelo calor (HAZ).

Os eléctrodos MMA são concebidos para funcionar com fontes de energia de corrente alternada (CA) e de corrente contínua (CC). Embora os eléctrodos AC possam ser utilizados em DC, nem todos os eléctrodos DC podem ser utilizados com fontes de energia AC **(Training welding institute ltd, 2010).**

2.6 Defeitos de soldadura:

As descontinuidades e os defeitos podem ser causados por muitos factores, incluindo

- Técnicas de soldadura inadequadas
- Gás de proteção inadequado
- Metal de base incorretamente preparado ou contaminado

- Fio do elétrodo sujo ou contaminado
- Circuito secundário incorreto
- Problemas de equipamento

Os defeitos de soldadura mais comuns são:

1.1.1 Porosidade:

Isto ocorre quando os gases ficam presos no metal de solda em solidificação. A tese pode surgir devido a consumíveis ou metal húmidos ou devido a sujidade, particularmente óleo ou gordura, no metal nas proximidades da soldadura. Isto pode ser evitado assegurando que todos os consumíveis são desengordurados antes da soldadura. A porosidade de aglomerado aparecerá como pontos escuros arredondados ou ligeiramente alongados que aparecem em aglomerado, o gás preso causa a porosidade de aglomerado **(NDT supply, 2016).**

1.1.2 Inclusão de escória:

A escória é normalmente vista como uma linha alongada, contínua ou descontínua, ao longo do comprimento da soldadura. Isto é facilmente identificado numa radiografia. As inclusões de escória estão normalmente associadas aos processos de fluxo, mas também podem ocorrer na soldadura MIG. Causas: Como a escória é o resíduo do revestimento de fluxo na soldadura MMA, é principalmente um produto de desoxidação da reação entre o fluxo, o ar e o óxido da superfície. A escória fica retida na soldadura quando dois cordões de soldadura adjacentes são depositados com uma sobreposição inadequada e evita a sua formação **(B. Raj et al., 2002).**

1.1.3 Falta de penetração:

Para obter uma junção de boa qualidade, é essencial que a zona de penetração se estenda por toda a espessura das folhas que estão a ser unidas. As chapas finas podem ser unidas com um único passe e uma aresta quadrada e limpa será uma base satisfatória para uma união. No entanto, o material mais espesso necessitará normalmente de arestas cortadas em ângulo V e poderá necessitar de várias passagens para preencher o

V com metal de solda. Quando ambos os lados são acessíveis, podem ser efectuados um e mais passes ao longo do lado inverso para garantir que a junta se estende a toda a espessura do metal. A falta de penetração resulta de um aporte térmico demasiado elevado e de uma tocha de soldadura (a gás ou eléctrica) demasiado transversal **(ASPEC Engineering, 2011).**

1.1.4 Corte inferior:

Neste caso, a espessura de uma ou de ambas as chapas é reduzida na extremidade da soldadura. Isto deve-se a um ajuste ou procedimento incorreto. Já existe uma concentração de tensões na extremidade da soldadura e qualquer corte inferior reduzirá a resistência da união. A principal causa do corte inferior é a falta de habilidade do soldador, a quantidade de calor aplicada e o elétrodo de grandes dimensões **(M.Abdullah, 2016).**

1.1.5 Cracks:

Isto pode ocorrer devido apenas à contração térmica ou devido a uma combinação de deformação que acompanha a mudança de fase e a contração térmica. A quantidade de calor recebida pela junta soldada torna importante o pré-aquecimento da amostra antes da soldadura e após o seu tratamento térmico de soldadura (**ASPEC Engineering, 2011).**

1.1.6 Rasgadura lamelar:

Este problema ocorre principalmente em aços de baixa qualidade, em chapas que apresentam uma baixa ductilidade na direção transversal à espessura, causada por inclusões não metálicas, tais como peles e óxidos que foram alongados durante o processo de laminagem. Estas inclusões fazem com que a chapa não tolere as tensões de contração na direção transversal curta.

A rotura lamelar pode ocorrer tanto em soldaduras de filete como de topo, mas as juntas mais vulneráveis são as juntas em T e de canto, em que o limite de fusão é paralelo ao plano de laminagem. Estes problemas podem ser ultrapassados através da utilização de aço de melhor qualidade, da aplicação de um material dúctil na área da soldadura e, eventualmente, da reformulação da junta (ASPEC Engineering, 2011).

2.7 Ensaios não destrutivos (NDT):

Os ensaios não destrutivos são um vasto grupo de técnicas de análise utilizadas na ciência e na indústria para avaliar as propriedades de um material, componente ou sistema sem causar danos. Os ensaios não destrutivos (NDT) são aplicados para testar um material para detetar defeitos internos sem danificar as suas propriedades materiais. A identificação de defeitos de soldadura por radiografia baseia-se no facto de a região defeituosa ter uma atenuação diferencial das radiações ionizantes, o que a torna diferente da imagem das outras regiões sãs. Está dividida em duas partes: ensaios não destrutivos externos (superfície) e internos (**NDT supply, 2016**).

2.8 Métodos de ensaio não destrutivos:

2.8.1 Teste visual (VT):

Compõe-se com todos os métodos NDT. A inspeção visual baseia-se na inspeção dos materiais com os nossos olhos ou com outras ferramentas de assistência, como a lupa, o microscópio, a câmara de vídeo ou o periscópio. Precisamos de utilizar ferramentas de medição para avaliar os defeitos, se são aceites ou rejeitados de acordo com a norma seguida por estas ferramentas: **(N.S.F, NDT education, 2015).**

- Multifunções TWI
- Indicador de nível alto e baixo
- Régua

2.8.2 Ensaio de partículas magnéticas:

Trata-se da utilização de um campo magnético para detetar defeitos superficiais e próximos da subsuperfície em materiais ferromagnéticos. Este método é sensível para a deteção de fissuras pouco profundas. Os passos do teste consistem em magnetizar a peça de teste através de uma fonte de magnetização chamada jugo. Existem muitos tipos de magnetização utilizados no método MT, como o íman de bobina ou o magnetismo circular para peças grandes e, depois da magnetização, adicionamos um pó de ferro suspenso no produto químico. Assim, se houver algum defeito no material, isso significa que há uma deformação. O campo magnético e a área do defeito tornam-se uma área de resistência, pelo que o pó ferromagnético se agrupa na área do defeito e dá a indicação de defeito. Após a conclusão do ensaio, a peça de ensaio deve ser desmagnetizada para evitar a contaminação de outros elementos e a falsificação das leituras dos medidores **(ASPEC Engineering, 2011).**

2.8.3 Teste radiográfico (RT):

É a utilização de radiações com capacidade de penetração através dos materiais este método de (NDT) detetar defeitos superficiais e subsuperficiais. As fontes de radiação utilizadas na radiografia industrial são os raios X e os raios gama. O mecanismo de deteção depende da variação da quantidade de radiação recebida pela película, que é feita de uma folha de plástico coberta de brometo de prata, porque é sensível à radiação. A peça de ensaio é colocada entre a fonte de radiação e a película, sendo depois exposta à radiação e, em seguida, a película é processada **(F.C. Campbell, 2013).**

As principais técnicas de exposição do exame radiográfico consistem em:

- Imagem única de parede única (SWSI).
- Imagem única de parede dupla (DWSI).
- Imagem dupla de parede dupla (DWDI).
- Panorâmica a técnica deve colocar a fonte no centro do tubo

2.8.4 Ensaio ultrassónico (UT):

Trata-se da utilização de um som de alta frequência produzido por um equipamento denominado detetor de fluxo ultrassónico, que produz uma ação mecânica e a transforma em som, enviando-o através do material por uma sonda que funciona como emissor e recetor, enviando o som através do material e recebendo o feixe de som refletido do material de volta ao detetor de fluxo ultrassónico, que transforma o som em eco no ecrã do detetor de fluxo. O ultrassom é um método interno de deteção. É mais preciso na deteção e fornece mais informações sobre defeitos, forma, localização, largura e profundidade **(F.C. Campbell, 2013)**.

2.8.5 Ensaio de penetração de líquidos (PT):

A penetração de líquido é um método de inspeção de defeitos de superfície que se abrem para a superfície em material não profissional com base na ação capilar. Primeiro, limpamos a superfície da peça para que fique livre de contaminação e, em seguida, adicionamos um líquido chamado penetrante à superfície do material e esperamos 15 minutos, que é um tempo de espera para deixar o penetrante infiltrar-se nos defeitos, se houver defeitos na superfície. Depois de remover o excesso de penetração da superfície da peça ensaiada, adicionamos outro líquido chamado revelador, cuja função é traçar a penetração que se infiltra nos defeitos, se existir, inspeccionamos a peça ensaiada se houver alguma indicação de penetração na superfície e comunicamos o facto após a avaliação. No final, removemos todos os produtos químicos utilizados no ensaio para não sermos uma fonte de contaminação **(NDT supply, 2016)**.

O carbono é um elemento cuja presença é imperativa em todos os aços. De facto, o carbono é o principal elemento endurecedor do aço. Ou seja, o elemento de liga determina o nível de dureza ou de resistência que pode ser atingido por têmpera. O carbono é também responsável pelo aumento da resistência à tração, da dureza, da resistência ao desgaste e à abrasão. No entanto, quando presente em quantidades elevadas, afecta a ductilidade, a tenacidade e a maquinabilidade do aço **(NDT Italian, 2012)**.

2.9 Estudos anteriores:

2.9.1 Formação e prevenção de porosidade na soldadura por laser pulsado:

A porosidade tem sido frequentemente observada em soldaduras a laser pulsado solidificadas e de penetração profunda. A porosidade é prejudicial para a qualidade da soldadura. O objetivo deste relatório é utilizar modelos matemáticos para investigar sistematicamente os fenómenos de transporte que levam à formação de porosidade e encontrar possíveis soluções para reduzir ou eliminar a formação de porosidade na soldadura a laser. Os resultados indicam que a formação de porosidade na soldadura por laser pulsado é causada por dois factores concorrentes: um é a taxa de solidificação do metal fundido e o outro é a velocidade de enchimento do metal fundido durante o processo de colapso do buraco da fechadura. Com base nestes estudos, propõe-se o controlo do perfil do impulso laser para prevenir/eliminar a formação de porosidade na soldadura a laser. A sua eficácia e limitações são demonstradas nos estudos actuais. As previsões do modelo são qualitativamente consistentes com os resultados experimentais relatados **(Jun Zhou e Hai-Lung Tsai, 2012).**

2.9.2 Estudo sobre as características dos defeitos de soldadura e sua prevenção na soldadura por feixe de electrões (características das porosidades de soldadura):

Neste estudo foram investigados os tipos de defeitos representativos da macro-soldadura (exceto a fissura) e também as características das porosidades de soldadura que são produzidas no metal de soldadura por feixe de electrões, utilizando oito tipos de materiais. Além disso, nestes materiais, são reconhecidos seis tipos de defeitos, tais como a porosidade R, a porosidade A, a porosidade AR, o nódulo não acoplado, o fecho a frio e o espigão. São efectuadas investigações adicionais sobre o efeito dos gases contidos nos materiais sobre as porosidades **(ARATA Yoshiaki, Etal, 2012)**.

2.9.3 Aplicação do método da memória magnética metálica para a deteção de defeitos na fase inicial do seu desenvolvimento para a prevenção de falhas em estruturas de aço soldadas de engenharia de energia e peças de turbinas a vapor

A memória magnética do metal é um efeito secundário, que ocorre sob a forma de magnetização residual do metal em componentes e juntas soldadas formadas no decurso do seu fabrico e arrefecimento no fraco campo magnético da terra. Ocorre também sob a forma de alteração irreversível da magnetização dos componentes em zonas de concentração de tensões e danos sob cargas de trabalho. Este artigo descreve a experiência com a realização de ensaios abrangentes de metal de base e juntas soldadas de estruturas de aço soldadas (tubagens, recipientes sob pressão, etc.) e peças de turbinas a vapor, utilizando o método da memória magnética do metal e outros métodos convencionais de ensaios não destrutivos, e análise da microestrutura. É demonstrado que as zonas de concentração de tensões são os locais de defeitos e/ou de degradação das propriedades dos materiais **(Anatoly Dubov, Alexandr, et al, 2009)**

CAPÍTULO 3
MATERIAIS E MÉTODOS

3.1 Introdução

Este capítulo apresenta materiais como o tubo de raios X, a fonte de radiação e o dispositivo yoke, o dispositivo detetor de fluxo ultrassónico, o aço carbono e a fluorescência de raios X. O método experimental foi seguido da utilização de ensaios não destrutivos (NDT), como o ensaio visual (VT), o ensaio radiográfico (RT), o ensaio de partículas magnéticas (MT), o ensaio de penetração de líquidos (PT) e o ensaio ultrassónico (UT) para detetar os defeitos de soldadura.

3.2 Materiais:

3.2.1 Amostra: aço-carbono

O aço-carbono contém muitos elementos que foram listados na tabela abaixo utilizando a fluorescência de raios X (XRF).

Tabela (3.1): apresenta os elementos do aço-carbono.

Elements	Percentage (%)	Standard derivation(STD)
Fe	98.51	0.045
Cu	00.05	0.025
Ni	00.04	0.033
V	00.03	0.011
Mn	00.39	0.034
Mo	00.05	0.002
Cr	00.03	0.014
W	00.01	0.025

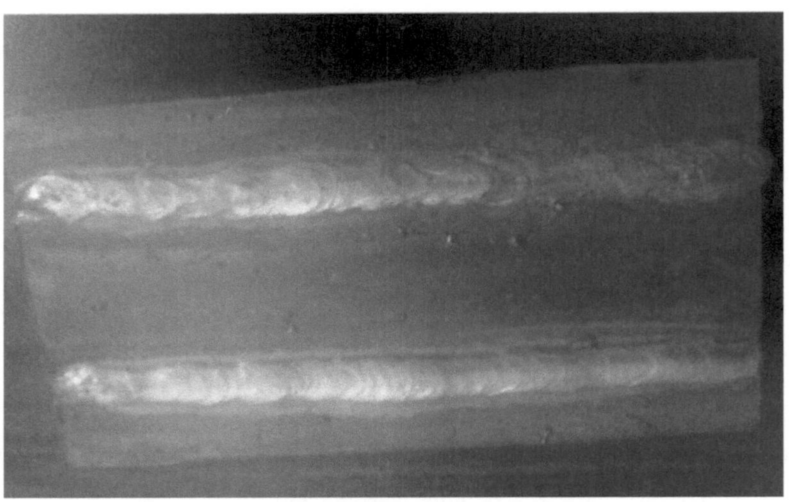

Figura (3.1): chapa de aço-carbono soldada por soldadura por arco

3.2.2 Equipamento VT:

- **Os olhos**: em condições normais, o olho é mais sensível à luz verde-amarela, que tem um comprimento de onda de 5560 A^0 . O olho humano tem uma visão satisfatória numa vasta gama de condições. Por esta razão, o olho não pode ser um bom juiz para distinguir as diferenças de brilho ou de intensidade, exceto em condições restritas.
- **Lentes de aumento (lentes de mão):** Estas lentes estão disponíveis sob a forma de uma lente isolada, de uma lente com armação e pega ou de uma lente que se dobra ou desliza para fora do seu próprio estojo **(B. Raj et al., 2002).**

Figura (3.2) Equipamento de TV

3.2.3 Equipamento de radioterapia:

- **Tubo de raios X:** é um dispositivo eletrónico que converte energia eléctrica em raios X. Normalmente, um tubo de raios X é constituído por uma estrutura catódica que contém um filamento e uma estrutura anódica que contém um alvo, tudo dentro de uma câmara ou invólucro evacuado.

Fig (3.3): mostra o tubo de raios X

- **Fontes de alimentação de alta tensão**:

É normalmente controlado por uma resistência, gera a corrente eléctrica que aquece o filamento até à incandescência. Esta incandescência do filamento produz uma nuvem de electrões, que é dirigida para o ânodo por um sistema de focalização. Esta incandescência do filamento produz uma nuvem de electrões, que é dirigida para o ânodo por um sistema de focalização e acelerada para o ânodo pela alta tensão aplicada entre o cátodo e o ânodo. Existem três características eléctricas importantes dos tubos de raios X:

- A corrente do filamento que controla a temperatura do filamento e, por sua vez, a quantidade de electrões que são emitidos.
- A tensão da ampola ou potencial ânodo-cátodo que controla a energia dos electrões que incidem e a energia ou poder de penetração do feixe de raios X.
- A corrente do tubo que está diretamente relacionada com a temperatura do filamento e é normalmente referida como a miliamperagem do tubo **(F.C. Campbell, 2013).**

- **Painel de controlo:**

É uma sala de controlo e um sistema de medição, que consiste em alguns interruptores que servem para gerar os raios X: Chave de ligar e desligar, interrutor de tempo de exposição, interrutor de corrente, interruptores de tensão (Mohamed, 2016).

Fig (3.4): mostra-nos o painel de controlo

- **Película de raios X:** é constituída por um suporte de plástico fino e transparente, denominado suporte de película, que é normalmente revestido de ambos os lados (mas por vezes apenas de um lado) com uma emulsão constituída principalmente por grãos de sais de prata embebidos em gelatina. A base da película, normalmente de cor azul, tem uma espessura de aproximadamente 0,18 mm (0,007 in). Uma subcamada adesiva fixa a emulsão à base do filme. Uma camada muito fina mas resistente de gelatina, designada por camada protetora, cobre a emulsão para a proteger contra pequenas abrasões. A espessura total da película de raios X é de aproximadamente 0,23 mm (0,009 pol.), incluindo a base da película, duas emulsões, duas subcamadas adesivas e duas sobrecamadas de proteção **(F.C. Campbell, 2013).**
- **Penetrâmetros:**

Também conhecido como "indicador de qualidade da imagem" (IQI), é um indicador utilizado para estabelecer a técnica radiográfica ou o nível de qualidade. Para tal, o IQI tem de ser feito de material radiograficamente semelhante ao material que está a ser radiografado. Todo o bordo exterior ou contorno do Penetrómetro tem de ser visível na radiografia; se não for, a radiografia não tem sensibilidade ao contraste. O orifício correto tem de ser visível; caso contrário, a radiografia não é sensível ao pormenor. Estes dois factores - sensibilidade ao contraste e sensibilidade aos detalhes - indicam o nível de qualidade de uma técnica radiográfica estabelecida **(B. Raj et al., 2002).**

- **Visualizador ou visualizador de filmes (densitómetro):**

Utilizar uma lâmpada incandescente e de halogéneo ou utilizar uma lâmpada fluorescente compacta ou uma lâmpada LED para interpretar a película **(NDT supply, 2016).**

Fig. (3.5): apresentação do visualizador de imagem (visualizador de filme)

- **Medidor: para medir e calcular a distância entre a amostra e o** tubo de **raios X.** Marcador de chumbo**:** Para dar uma identificação à amostra a ser testada.

Figura (3.6): mostra o IQI

3.2.4 Equipamento PT:

- **Penetrante visível:**

Utiliza uma cor vermelha penetrante e produz indicações vermelhas vivas em contraste com o fundo claro do revelador aplicado sob luz visível.

- **Produtos de limpeza com solventes:**

O penetrante é dissolvido pelo solvente. Os solventes de limpeza são inflamáveis e não inflamáveis. Os produtos de limpeza inflamáveis não contêm halogéneos, mas representam um risco potencial de incêndio. Os produtos de limpeza não inflamáveis contêm geralmente solventes halogenados, o que os torna inadequados para algumas aplicações, geralmente devido à sua elevada toxicidade ou porque têm efeitos indesejáveis em alguns materiais. **(F.C. Campbell, 2013).**

- **desenvolvedor húmido:**

Os reveladores húmidos só podem ser aplicados por pulverização, uma vez que a quantidade de penetrante que emerge de uma pequena abertura na superfície é ínfima, sendo necessário aumentar a evidência visível da sua presença. Os reveladores são utilizados para espalhar o penetrante disponível no defeito, aumentando assim a quantidade de luz emitida, ou a quantidade de contraste, que torna o defeito visível a olho nu, Guardanapo seco: para remover o excesso de penetrante **(M. Abdullah, 2016).**

Figura (3.7): Equipamento PT (limpador, revelador, penetrante)

1.1.5 Equipamento MT:

- **Bobinas magnéticas (MAXIFLUX):**

É utilizado para estabelecer um campo magnético. Basicamente, é feito enrolando uma bobina eléctrica em torno de um pedaço de aço ferromagnético macio. O circuito elétrico inclui um interrutor que permite ligar e desligar a corrente e, consequentemente, o campo magnético. Podem ser alimentados com corrente alternada a partir de uma tomada de parede ou com corrente contínua a partir de uma bateria. Este tipo de íman gera um campo magnético muito forte numa área local onde os pólos do íman tocam a peça a ser inspeccionada. Algumas cangas podem levantar pesos superiores a 40 libras **(NDT Italian, 2012).**

- **Partícula magnética:**

Partículas de ferro moído revestidas com um pigmento corante (tinta preta) são então aplicadas ao espécime. Estas partículas são atraídas pelos campos de fuga de fluxo magnético e aglomeram-se para formar uma indicação diretamente sobre a descontinuidade. Esta indicação pode ser detectada visualmente em condições de iluminação adequadas **(N.S.F., NDT education, 2015).**

- **Revelador:** tinta de contraste branca e solvente de limpeza.

Figura (3.8): Equipamento MT (cangas, solvente, tinta de contraste branca, tinta preta)

1.1.6 Equipamento UT:

- **Detetor de defeitos por ultra-sons:**

Consiste numa fonte de alimentação, um circuito de impulsos, uma unidade de pesquisa, um circuito recetor-amplificador, um osciloscópio e um relógio eletrónico. Os principais controlos incluem: - Seletor de frequência para selecionar a frequência de funcionamento ou de teste.

- Controlo de sintonização de impulsos para um ajuste fino da frequência de teste.
- Controlo da taxa de repetição de impulsos, que determina o número de vezes por segundo que um impulso ultrassónico é iniciado a partir do transdutor (normalmente 100 a 2000 impulsos por segundo).
- Interruptor de seleção do tipo de ensaio ou do modo de ensaio para ajustar o instrumento ao funcionamento por eco de impulsos ou por captura de passo **(F.C. Campbell, 2013).**
- Controlos de sensibilidade para ajustar a sensibilidade ou o ganho do amplificador-recetor

Seletor de varrimento e atraso para ajustar a base de tempo e a parte da zona de inspeção que deve ser apresentada.

- Controlo da posição da porta para isolar a parte da zona de inspeção que será utilizada para processamento adicional.

Osciloscópio, que permite a visualização dos parâmetros de tempo e de amplitude utilizados para interpretar os dados da inspeção ultra-sónica.

- **sonda:**

A geração e deteção de ondas ultra-sónicas para inspeção é realizada por meio de um elemento transdutor. O elemento transdutor está contido num dispositivo mais frequentemente designado por unidade de pesquisa (ou sonda). Os quatro tipos básicos de unidades de pesquisa são: contacto de feixe reto, contacto de feixe angular, contacto de elemento duplo e imersão, tanto plana como focada **(F.C. Campbell, 2013).**

Fig (3.9): sonda (unidade de pesquisa)

- **Acoplamento:**

É necessário utilizar um acoplamento para eliminar o ar entre o transdutor e a peça de teste para uma inspeção de contacto satisfatória.

Os acoplantes normalmente utilizados para a inspeção por contacto incluem água, óleos, glicerina, massas lubrificantes de petróleo, massa lubrificante de silicone, goma de celulose e várias substâncias semelhantes a pastas comerciais **(F.C. Campbell, 2013).**

Figura (3.10) Equipamento UT (detetor, sonda)

Figura (3.11) Central de ultra-sons

3.3 Método de inspeção:

O método desta parte empírica da tese contém a etapa básica de cinco métodos de ensaio NDT: inspeção visual, ensaio radiográfico, ensaio por penetração, ensaio por partículas magnéticas e ensaio por ultra-sons.

3.3.1 Etapas do VT:

Utilizar as lupas de mão com ajuda ocular para visualizar o defeito na amostra.

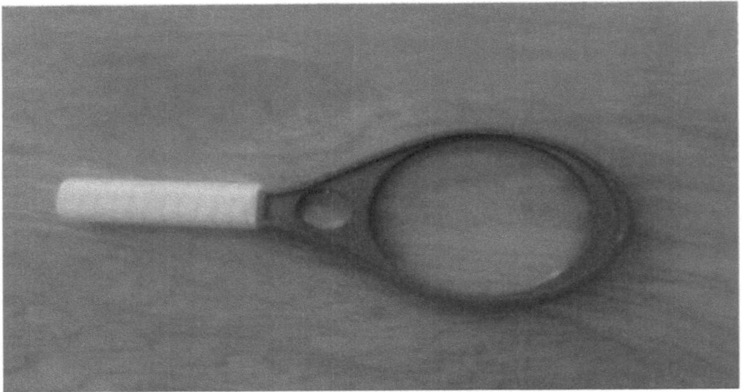

Fig. (3.12): mostra o método VT

3.3.2 Etapas do RT:

- **Preparação: colocamos** a amostra por baixo do gerador de raios X, pela seguinte ordem, de baixo para cima: filme, amostra, IQI, medidor e marcador.
- **Medição:** medir a distância da fonte ao objeto e conhecer o comprimento do defeito da amostra que aparece na película **(M. Abdullah, 2016).**
- **Ajustar os parâmetros do processo:** ligamos o interrutor do gerador de raios X para aplicar uma energia mais elevada (comprimento de onda mais curto) sobre o simples. De acordo com a seguinte afinação:
- **Processamento de filmes:**

Como já foi referido, a película radiográfica é constituída por uma base transparente, de cor azul, revestida de ambos os lados por uma emulsão. A emulsão é constituída por gelatina que contém cristais microscópicos de halogeneto de prata sensíveis à radiação, como o brometo de prata e o cloreto de prata. Quando os raios X, os raios gama ou os raios de luz incidem sobre os cristais ou grãos, alguns dos iões Br^- são libertados e capturados pelos iões Ag+. Neste estado, diz-se que a radiografia contém uma imagem latente (oculta) porque a alteração nos grãos é praticamente indetetável, mas os grãos expostos são agora mais sensíveis à reação com o revelador. Quando a película é processada, é exposta a várias soluções químicas diferentes durante períodos de tempo controlados. O processamento da película envolve basicamente os cinco passos seguintes:

- **Revelação**: O agente revelador cede electrões para converter os grãos de halogeneto de prata em prata metálica. Os grãos que foram expostos à radiação desenvolvem-se mais rapidamente, mas com tempo suficiente o revelador converterá todos os iões de prata em prata metálica. É necessário um controlo adequado da temperatura para converter os grãos expostos em prata pura, mantendo os grãos não expostos como cristais de halogeneto de prata.
- **Paragem da revelação**: O banho de paragem interrompe simplesmente o processo de revelação, diluindo e lavando o revelador com água.
- **Fixação**: Os cristais de halogeneto de prata não expostos são removidos pelo banho de fixação. O fixador dissolve apenas os cristais de halogeneto de prata, deixando o metal prateado.
- **Lavagem**: A película é lavada com água para remover todos os produtos químicos do processamento **(nde-ed.org, 2016)**.
- **Secagem**: A película é seca para ser visualizada.

O processamento de películas é uma ciência rigorosa regida por regras rígidas de concentração química, temperatura, tempo e movimento físico. Quer o processamento seja feito à mão ou automaticamente por uma máquina, as radiografias excelentes requerem um elevado grau de consistência e controlo de qualidade **(nde-ed.org, 2016)**.

3.3.3 Passos de PT:

Independentemente do tipo de penetrante utilizado e de outras variações no processo básico, a inspeção por penetrante líquido requer, pelo menos, cinco passos essenciais:

- **Limpeza:** Todas as superfícies de uma peça de trabalho devem ser cuidadosamente limpas e completamente secas antes da inspeção. As descontinuidades expostas à superfície devem estar isentas de óleo, água e outros contaminantes durante, pelo menos, 25 mm (1 pol.) para além da área a inspecionar, a fim de aumentar a probabilidade de deteção.

- **Aplicação do Penetrante**: Aplica-se um líquido com elevadas características de humidificação da superfície à superfície da amostra e deixa-se passar o tempo necessário para penetrar nos defeitos de rutura da superfície (tempo de permanência). Os tempos são baseados na experiência, mas geralmente variam de 2 a 20 minutos.
- **Remoção do excesso de penetrante**: a remoção do excesso de penetrante é necessária para uma inspeção eficaz, mas deve ser evitada uma limpeza excessiva. O penetrante pode ser lavado diretamente com água, tratado primeiro com um emulsionante e depois enxaguado com água, ou removido com um solvente.
- **Aplicação do revelador**: É aplicado um revelador para puxar o penetrante preso para fora do defeito e espalhá-lo na superfície onde pode ser visto. O revelador pode ser aplicado por pulverização (pó seco), imersão e pulverização (reveladores aquosos). Os reveladores húmidos não aquosos só podem ser aplicados por pulverização. O revelador deve permanecer na superfície durante um período de tempo suficiente (normalmente 10 minutos no mínimo). Utilizámos reveladores de água.

- **Inspeção**: A inspeção visual é a etapa final do processo depois de ter sido suficientemente desenvolvido. Quando é utilizado um penetrante fluorescente, a inspeção é realizada numa área devidamente escurecida, utilizando luz negra (ultravioleta), que faz com que o penetrante emita luz visível **(The Hashemite University, 2016)**.

3.3.4 Passos UT:

- **Preparação:** pintar a amostra com qualquer tipo de coupler.

- **Geração:** envio de ondas sonoras de alta frequência através de um transdutor (utilizámos um feixe de contacto angular) para a amostra para determinar a dimensão e a localização das descontinuidades na amostra. As ondas sonoras são introduzidas na amostra e reflectidas a partir de superfícies ou defeitos.

- **Visualização:** A energia sonora reflectida é apresentada em função do tempo, e o inspetor pode visualizar uma secção transversal da amostra mostrando a profundidade das características que reflectem o som **(F.C. Campbell, 2013).**

Tabela (3.2): parâmetros de exposição para soldar a amostra

Sample	**Power supply**	**Electrode**	**Temperature of electrode**
Carbon steel	82volts and 80 amperes	Basic electrode 7018	180 centigrade

Após a soldadura, vamos descobrir os defeitos com os métodos NDT:

3.4 Porosidade:

- **Resultado do exame visual**: é verificado pelos olhos com o auxílio de um espelho de aumento.

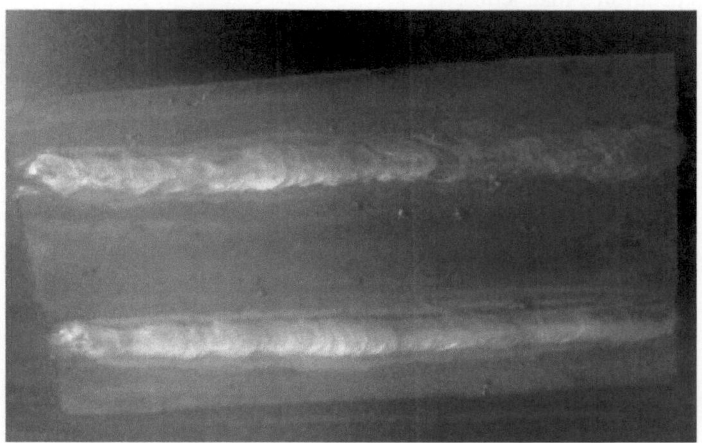

Fig (3.13): ilustra o defeito de porosidade na linha B (linha ascendente)

(A) Refere-se a um elétrodo aquecido: não aparecem porosidades. (B) Refere-se ao elétrodo de arrefecimento ou ao elétrodo húmido: aparece porosidade nos pontos (8-10-11) centímetros. A solidez da soldadura em (A) é muito boa, mas na linha (B) a solidez da soldadura é fraca. Há poucos salpicos na linha (B), enquanto na linha (A) não há salpicos.

- **Ensaio de partículas magnéticas (MT):** é um método utilizado para detetar o defeito.

O dispositivo MT é chamado de jugo do modelo MEY-2, é uma fonte de magnetização.

Fontes de alimentação 230 volts, frequência 50Hz.

- **Fases do ensaio de partículas magnéticas (MT):**

1- Limpar a superfície da contaminação
2- Magnetizar a peça com uma fonte de magnetização que se designa por yoke.
3- Em seguida, adicionamos tinta preta quando estamos a magnetizar a peça de teste.
4- Deteção de indicações na peça a ensaiar.
5- Desmagnetizar o provete de modo a evitar a contaminação por outros elementos atraídos pela força magnética.

Fig (3.14): A amostra submetida ao ensaio de partículas magnéticas (MT)

- **Teste de radiografia**: é a utilização da capacidade de penetração da radiação através do material. A distância entre os objectos é de 40 cm, tipo de película: AGFAD4 é uma película rápida.

Tabela (3.3): Parâmetros de exposição

Material	Thickness	Weld process	Source radiation
Carbon steel	4mm	Arc weld	X-ray tube

Quadro (3.4): painel de controlo

Voltage	Current	Exposure time	SFD
120 kilovolt	2milliamperage	Arc weld	120mm

- Etapas do ensaio radiográfico (RT):

1- Preparação da amostra para ensaio

Fig (3.15): A amostra está a ser verificada com o tubo de raios X (fonte de raios X).

- Alimentação do painel de controlo com parâmetro de exposição

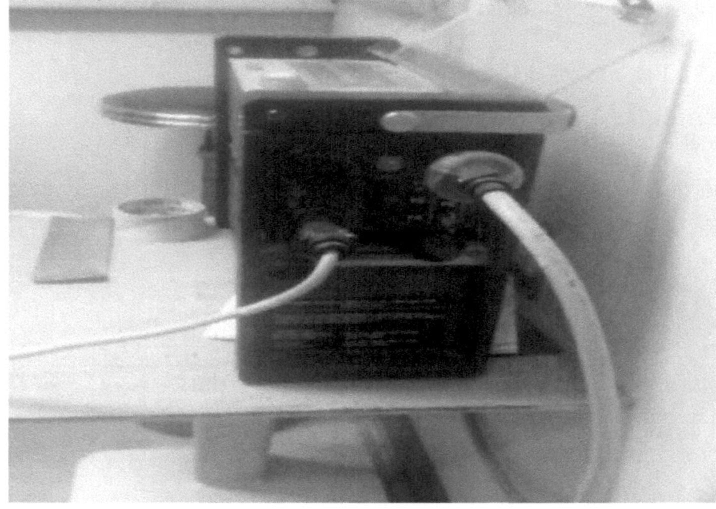

Fig (3.16): Este dispositivo é um painel de controlo

- **Tratamento da película (sob a luz de segurança):**

- Tempo de revelação: que é uma solução alcalina que actua sobre a prata bromada exposta à radiação.

- Parar o caminho: para parar a ação do revelador com bromato de prata.

- Tempo de fixação: para fixar a imagem que aparece no filme.

- Lavagem de fotografias: limpeza da película com a solução acima referida

- Secagem: secagem da película

- Interpretar o filme

- Avaliação dos defeitos que aparecem no filme.

Fig (3.17): ilustra o processamento da película (processamento manual).

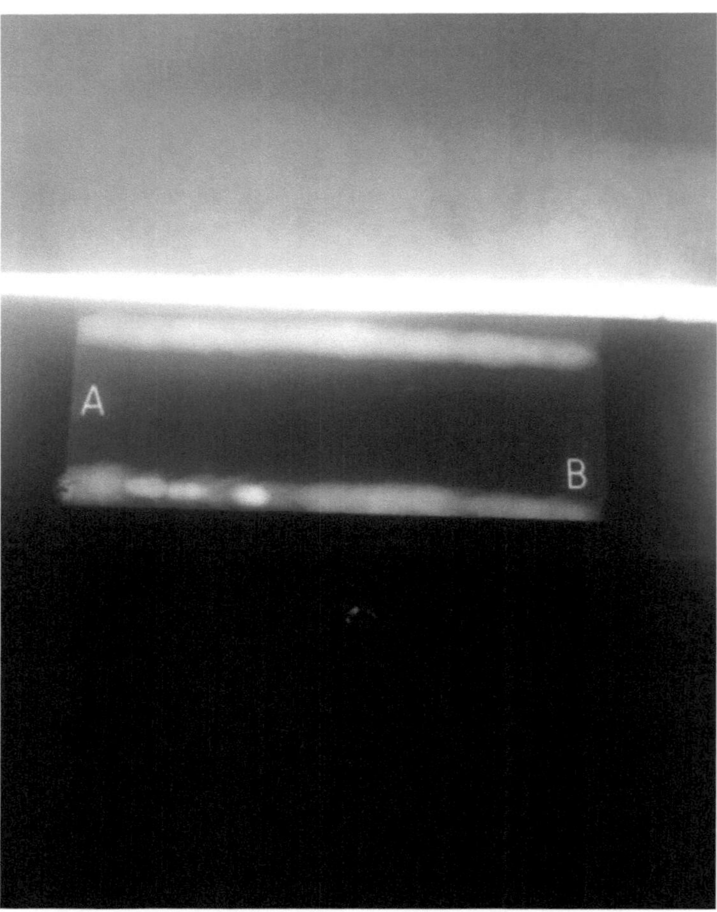

Fig (3.18): ilustra o defeito de porosidade na linha B de acordo com a película.

- **Ensaio ultrassónico (UT):** as duas linhas foram analisadas com um detetor de fluxo ultrassónico com sonda angular MBW 45centagradate para detetar os defeitos.

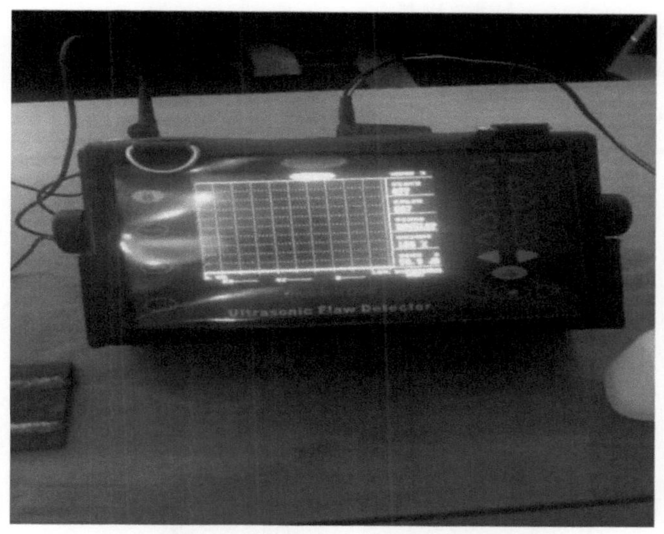

Fig (3.19): a amostra a ser verificada pelo detetor de defeitos por ultra-sons

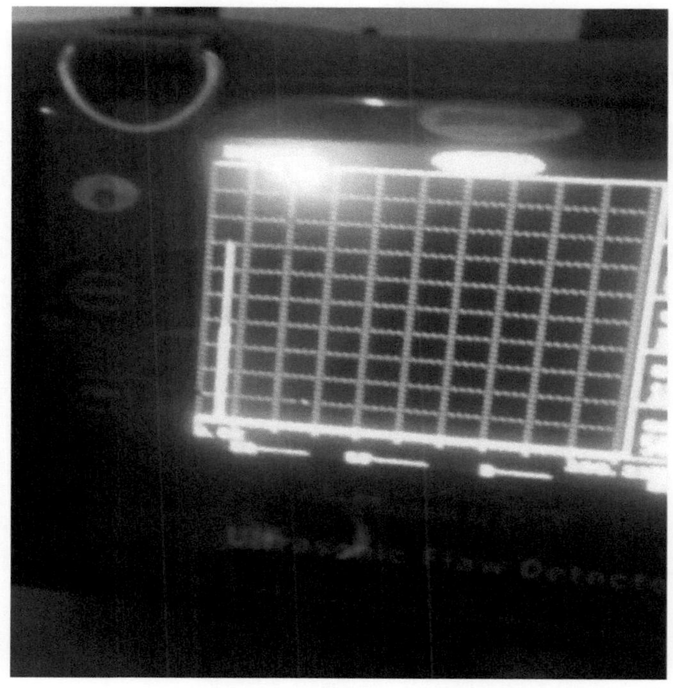

Fig (3.20): ilustra a eco porosidade claramente visível.

- **Ensaio de penetração (PT):**
- **Etapas do teste de penetração de líquidos:**

- Amostras A e B durante o tempo de penetração

- Amostra A em desenvolvimento

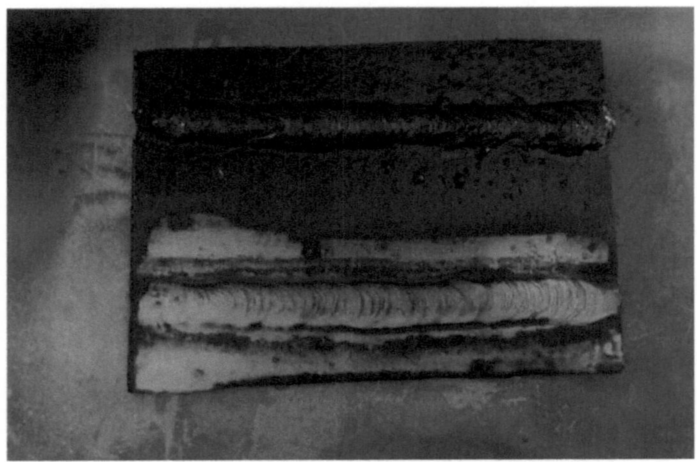

Fig (3.21): linha (A) controlada por penetrante.

Amostra B em desenvolvimento

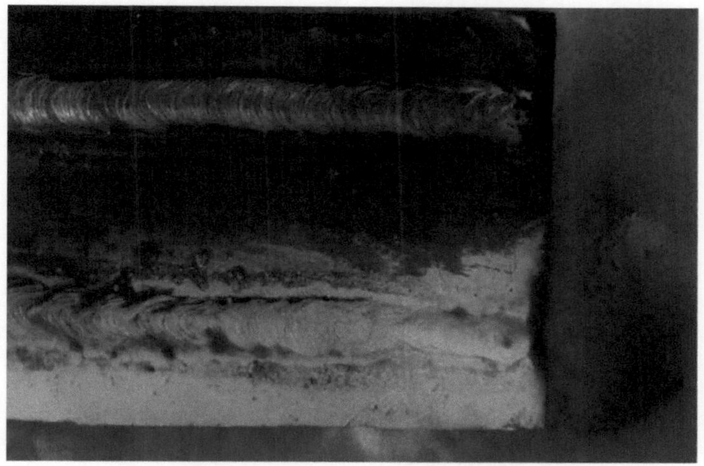

Fig (3.22): ilustrar a linha (B).

3.5 Inclusão de escória:

- **Teste de radiografia**: é a utilização da capacidade de penetração da radiação através do material. A distância entre os objectos é de 40 cm, tipo de película: AGFAD4 é uma película rápida.

Tabela (3.5): Parâmetros de exposição

Material	Thickness	Weld process	Source radiation
Carbon steel	4mm	Arc weld	X-ray tube

Quadro (3.6): painel de controlo.

Voltage	Current	Exposure time	SFD
120 kilovolt	2milliamperage	2 minutes	120mm

Amostra sob bochechas por raio X

Fig (3.23): A amostra está a ser verificada com o tubo de raios X (fonte de raios X).

Alimentação do painel de controlo com parâmetro de exposição

Fig (3.24): painel de controlo

- **Tratamento da película (sob a luz de segurança):**

- Tempo de revelação: que é uma solução alcalina que actua sobre a prata bromada exposta à radiação.

- Parar o caminho: para parar a ação do revelador com bromato de prata.

- Tempo de fixação: para fixar a imagem que aparece no filme.

- Lavagem de fotografias: limpeza da película com a solução acima referida

- Secagem: secagem da película

- Interpretar o filme

- Avaliação dos defeitos que aparecem no filme.

Fig (3.25): ilustra o processamento da película (processamento manual).

A figura (3.26) ilustra a escória no filme

- Ensaio por ultra-sons:

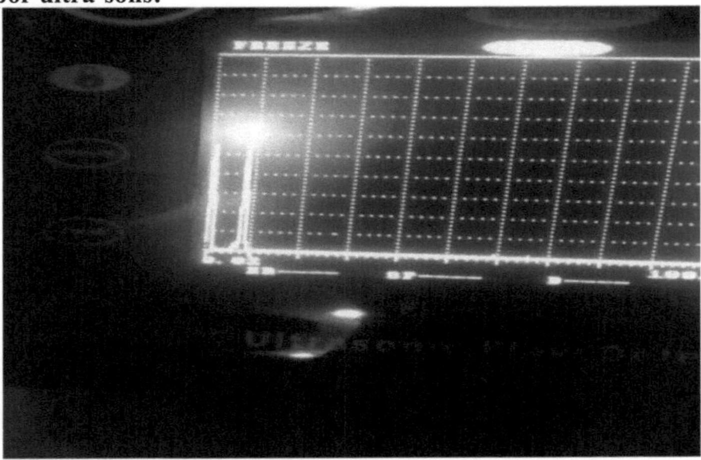

Fig (3.27): ilustra os ecos em altura.

Na linha (A) existem dois ecos, e com igual altura, o que significa que há inclusão interna de escória, enquanto na linha (B) não aparece escória.

3.5 Corte inferior:

- **Teste de radiografia**: é a utilização da capacidade de penetração da radiação através do material. A distância entre os objectos é de 40 cm, tipo de película: AGFAD4 é uma película rápida.

Tabela (3.7): Parâmetros de exposição

Material	Thickness	Weld process	Source radiation
Carbon steel	1.44mm	Arc weld	X-ray tube

Quadro (3.8): painel de controlo.

Voltage	Current	Exposure time	SFD
130 kilo voltage	3 milliamperage	3 minute	120mm

- Amostra sob bochechas por raio X

Fig (3.28): A amostra está a ser verificada com o tubo de raios X (fonte de raios X).

- Alimentação do painel de controlo com parâmetro de exposição

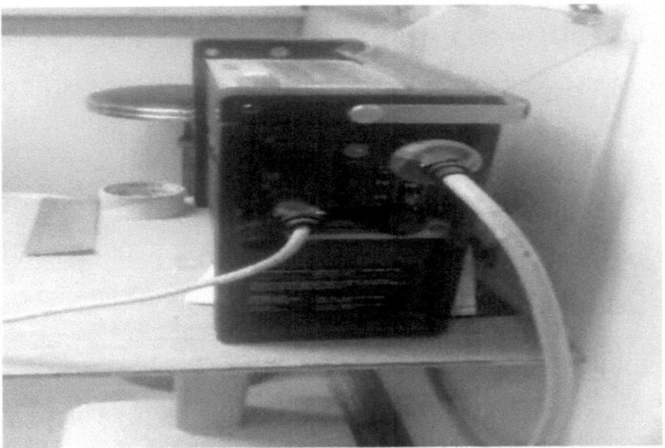

Fig (3.29): Este dispositivo é um painel de controlo

- **Tratamento da película (sob a luz de segurança):**

- Tempo de revelação: que é uma solução alcalina que actua sobre a prata bromada exposta à radiação.

- Parar o caminho: para parar a ação do revelador com bromato de prata.

- Tempo de fixação: para fixar a imagem que aparece no filme.

- Lavagem de fotografias: limpeza da película com a solução acima referida

- Secagem: secagem da película

- Interpretar o filme

- Avaliação dos defeitos que aparecem no filme.

Fig (3.30): ilustra o processamento da película (processamento manual).

Amostra (A):

Se aparecerem cortes inferiores, as causas são a má habilidade do soldador, a entrada exclusiva de calor, o elétrodo grande. De 0 a 5 e aparecem os cortes inferiores. De 10 a 15, aparecem os cortes inferiores.

Fig (3.31): ilustração da aparência do corte inferior.

Amostra (B):

Não há aparecimento de rebaixos, porque utilizamos um elétrodo adequado e a quantidade de calor aplicada é adequada e o soldador é qualificado e certificado.

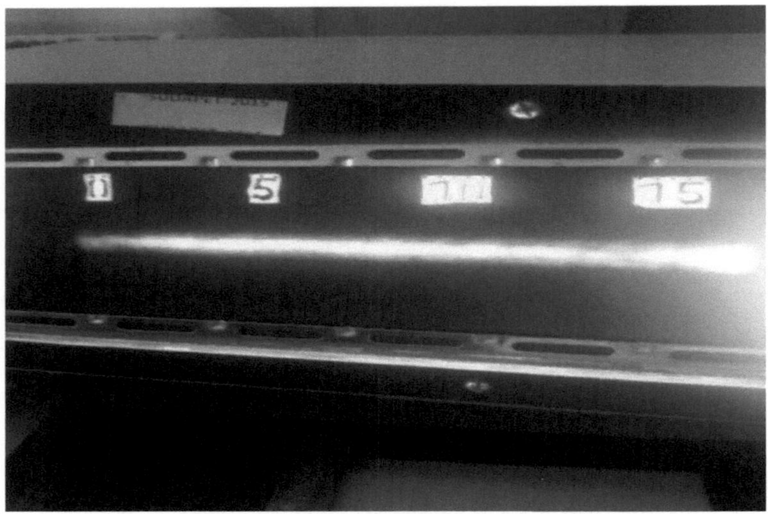

Fig. (3.32): ilustra o facto de não aparecerem cortes inferiores nesta película

3.6 Falta de penetração:

- **Teste de radiografia**: é a utilização da capacidade de penetração da radiação através do material. A distância entre os objectos é de 40 cm, tipo de película: AGFAD4 é uma película rápida.

Tabela (3.9): Parâmetros de exposição

Material	Thickness	Weld process	Source radiation
Carbon steel	4mm	Arc weld	X-ray tube

Quadro (3.10): Alimentação do painel de controlo com parâmetro de exposição

Voltage	Current	Exposure time	SFD
120 kilovolt	2 milliamperage	2 minutes	120mm

A amostra está a ser verificada com raios X

Fig (3.33): A amostra está a ser verificada com o tubo de raios X (fonte de raios X).

- Alimentação do painel de controlo com parâmetro de exposição

Fig (3.34): Este dispositivo é um painel de controlo

- Revelação da película (sob a luz de segurança):

- Tempo de revelação: que é uma solução alcalina que actua sobre a prata bromada exposta à radiação.

- Parar o caminho: para parar a ação do revelador com bromato de prata.

- Tempo de fixação: para fixar a imagem que aparece no filme.

- Lavagem de fotografias: limpeza da película com a solução acima referida

- Secagem: secagem da película

- Interpretar o filme

- Avaliação dos defeitos que aparecem no filme.

Fig (3.35): ilustra o processamento da película (processamento manual).

Fig. (3.36): ilustra a penetração na região branca

A amostra (A) foi selecionada e soldada com diferentes parâmetros na máquina de soldar. Com baixa corrente e baixa miliamperagem, não se observou qualquer penetração. Em seguida, a corrente foi alterada para uma corrente adequada e uma miliamperagem adequada, a penetração aparece como branca na película.

- **Teste visual (VT):** De 0-3 não há penetração, mas de 3-5 há penetração.

3.7 Fissuras:

- **Teste de radiografia**: é a utilização da capacidade de penetração da radiação através do material. A distância entre os objectos é de 40 cm, tipo de película: AGFAD4 é um filme rápido.

Tabela (3.11): Parâmetros de exposição

Material	Thickness	Weld process	Source radiation
Carbon steel	4mm	Arc weld	X-ray tube

Quadro (3.12): Alimentação do painel de controlo com parâmetro de exposição

Voltage	Current	Exposure time	SFD
120 kilovolt	2 milliamperage	2 minutes	120mm

A amostra está a ser verificada com raios X

Fig (3.37): A amostra está a ser verificada com o tubo de raios X (fonte de raios X).

- Alimentação do painel de controlo com parâmetro de exposição

Fig (3.38): Este dispositivo é um painel de controlo

- **Tratamento da película (sob a luz de segurança):**

- Tempo de revelação: que é uma solução alcalina que actua sobre a prata bromada exposta à radiação.

- Parar o caminho: para parar a ação do revelador com bromato de prata.

- Tempo de fixação: para fixar a imagem que aparece no filme.

- Lavagem de fotografias: limpeza da película com a solução acima referida

- Secagem: secagem da película

- Interpretar o filme

- Avaliação dos defeitos que aparecem no filme.

Fig (3.39): ilustra o processamento da película (processamento manual).

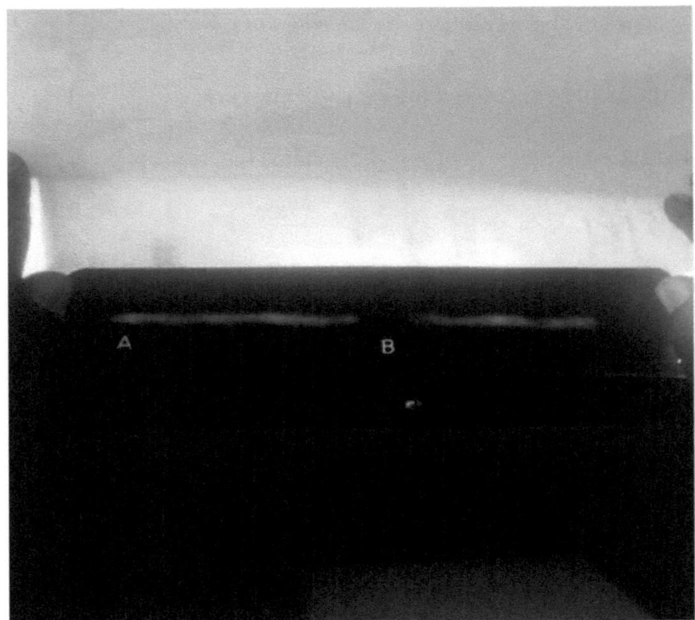

Fig (3.40): este filme mostra o defeito da fissura

Nota: A fenda aparece na linha (B) porque arrefecemos subitamente a soldadura com água fria.

- **Ensaio de partículas magnéticas (MT):**

É um método utilizado para detetar o defeito? O dispositivo MT chama-se jugo do modelo MEY-2; é uma fonte de magnetização. Alimentação 230 volts, frequência 50Hz.

- **Fases do ensaio de partículas magnéticas (MT):**

1- Limpar a superfície da contaminação

2- Magnetizar a peça com uma fonte de magnetização que se designa por yoke.

3- Em seguida, adicionamos tinta preta quando estamos a magnetizar a peça de teste.

4- Deteção de indicações na peça a ensaiar.

5- Desmagnetizar o provete de modo a evitar a contaminação por outros elementos atraídos pela força magnética.

Fig. (3.41): as amostras A e B estão a ser verificadas

A amostra verificada por (MT) não apresenta fissuras na linha (A), mas a amostra (B) verificada por (MT) apresenta fissuras de 5 a 6 mm.

- Teste de penetração (PT):

- Amostra A sob tempo de penetração

- Amostra A após remoção do penetrante

Amostra A em desenvolvimento

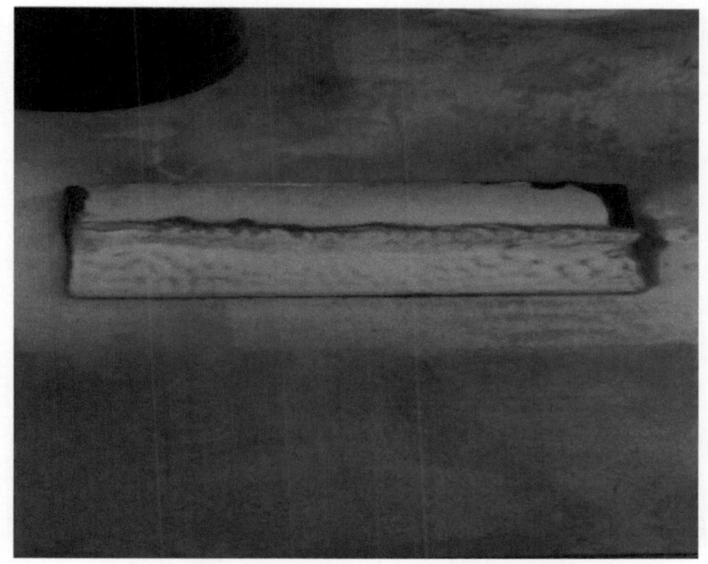

- Amostra B sob tempo de penetração

Amostra (B) após remoção da penetração

Amostra (B) em revelação

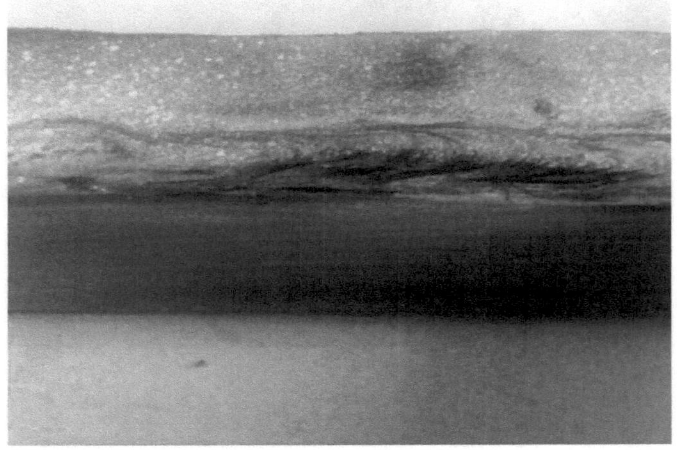

Fig (3.42): mostra o aparecimento de uma fenda pouco profunda na película

Existe uma fenda pouco profunda.

CAPÍTULO 4
RESULTADOS E DISCUSSÃO

4.1 Introdução:

Este capítulo contém os resultados e a discussão; os defeitos de soldadura foram verificados por métodos NDT (VT, MT, RT, UT e PT), alguns defeitos foram detectados com todos os métodos e outros com três métodos, os defeitos que foram verificados: porosidade, inclusão de escória, falta de penetração, undercut, fissuras.

4.2 RESULTADOS:

O estudo concluiu que todos os métodos de NDT detectam defeitos de duas formas: inspeção externa como (VT, MT) e outra forma de inspeção interna como (RT, UT, e PT). A tabela abaixo mostra os resultados e as notas de cada defeito.

A tabela (4.1): apresenta os resultados experimentais.

S/N	DEFECTS	SAMPLES	VISUAL TEST(VT)	MAGNETICS PARTICLE MPT)	RADIOGRAPHIC TEST(RT)	ULTRASONIC TEST(UT)	LIQUID PENE-TRATE PT)	NOTES
1-	**porosity**	Sample A	No porosity appears	No defect appears	No porosity appears in film	No porosity appears	No defect appears	In sample A electrode heated up to 180c, but in sample B the electrode is cooled and damped and contaminated
		Sample B	Cluster porosity appear	Defect appears at point 11cm in cluster porosity	Cluster porosity appear in film	The echo porosity clearly seen as shown in image, that mean there were defect called cluster porosity	The red circular indication is the porosity defect	
2-	**Slag inclusion**	Sample A	-	-	There was internal slag at distance (2cm), from (4-5) cm the slag appears with porosity, this is normal to get it.	There were two echoes with equal height this indicate internal slag inclusion.	-	In sample A and sample B both were heated up to 180c, and the surface of the sample B was cleaned between weld passes and the electrode must be uncontaminated. But the sample A was not cleaned. The surface between weld passes and the electrode must be contaminated.
		Sample B	-	-	No slag appears in film	No slag appears that mean no defect.	-	

S/N	DEFECTS	SAMPLES	VISUAL TEST(VT)	MAGNETICS PARTICLE TEST(MPT)	RADIOGRAPHIC TEST(RT)	ULTRASONIC TEST(UT)	LIQUID PENETRATE (PT)	NOTES
3-	**undercut**	Sample A	-	-	The undercut defect is appeared from(0-5)cm and from(5-6)cm in film	-	-	In sample A the undercut defect appears, because, the electrode was an unsuitable amount of heat input is not suitable and unqualified welder. But in sample B there is no undercut appear because the electrode was a suitable and suitable heat input and qualified welder.
		Sample B	-	-	No defect (undercut) appears in film.	-	-	
4-	**Lack of penetration**	Sample A	The penetration defect not appears from (0-3) cm, it seen by eyes.		No penetration appears in film, which means no defects.	-	-	Sample A was selected and welded with the same parameters on the welding machine. With low current and low milliamperage, no penetration seen. Then the current was changed to suitable current and suitable milliamperage, the penetration appears as white in the film.
		Sample B	The penetration defect appears in distance (3-5) cm.		The penetration defect appears in film.			
5-	**Cracks**	Sample A		No cracks appear	No defect appears in film (cracks).		No cracks appear.	After the welded the samples, we suddenly pour the sample B after welding directly with cold water after that the cracks appear. While the sample A shows no cracks after being left without pouring water on it.
		Sample B		In sample B there is a cracks appear from(5-6)cm	In sample B there were cracks from (5-6)cm		In sample B there is a shallow crack.	

Tabela (4.2): mostra a causa do defeito e a ação preventiva

Defects	Causes	Preventive action
Porosity	• Oil, heavy rust, scale, etc. on plate • Improper gun angle • Too much wire feed speed (amperage), or voltage too high • Welding travel speed too fast • Nozzle to work distance too great • Failure to remove glass (kind of slag or oxide) between weld passes • Welding over slag from covered electrode	Use low hydrogen welding process. Use preheats. Increase heat input Clean joint surfaces and Reduce arc travel speeds Use proper welding technique Adjacent surfaces Reducing excessive moisture
Slag inclusions	Too low welding amperage Too much arc length Too much weaving width Too narrow groove	Use appropriate welding parameters and groove angle Remove slag of the preceding layer completely keep the weld axis in horizontal by positioning
Undercut	• Travel speed too high • Welding voltage too high • Excessive welding current • Insufficient dwell time at edge of weld bead	• Lower arc voltage. • Reduce arc length. • Apply electrode angle of 30° to 45° with the standing leg. Weld lightly trailing. • Use a smaller diameter electrode. • Reduce travel speed.
Lack of penetration	• Weld joint to narrow • Welding current too low; too much electrode sticks out • Weld puddle rolling in front of the arc • Welding voltage and current too	Use proper joint geometry Follow current WPS (welding procedure specification) Use small electrode in root Increase root opening Reduce arc travel speed

	low • Travel speed to low • Welding over convex bead • Torch oscillation too wide or too narrow • Excessive oxide on plate	Medium electrode diameter Proper alignment
Cracks	• Incorrect wire chemistry • Weld beat too small • Poor quality of material being	• When finishing, move back the electrode to fill-up the crater. • With root pass welding, quickly move the arc from the weld pool to the plate edge. • Increase crater fill time on power source.

4.2 DEBATES:

Comparando os resultados do método utilizado para detetar o defeito com o estudo anterior, os resultados foram os mesmos. Os pontos importantes que podem ser mencionados são que foram seleccionados cinco defeitos para estudar as causas dos defeitos de soldadura e a forma de os evitar. Os defeitos seleccionados foram: porosidade, inclusão de escória, falta de penetração, corte inferior e fissuras.

4.2.1 Porosidade:

- **Teste visual (VT):**

Na amostra (A) não aparece nenhuma porosidade e na amostra (B) a porosidade de aglomerado aparece em pontos de 11 centímetros. A amostra (A) do ensaio de partículas magnéticas não apresenta defeito, mas na amostra (B) o defeito aparece no ponto 11cm na porosidade do aglomerado.

- **Ensaios radiográficos (RT):**

Na amostra (A) não aparece qualquer porosidade na película, mas na amostra (B) aparece a porosidade de aglomerado na película (3.16).

- **Ensaios ultra-sónicos (UT):**

Na amostra (A) não aparece porosidade, mas na amostra (B) o eco é claramente visível, como mostra a imagem (3.18), o que significa que havia um defeito chamado porosidade de aglomerado.

- **Ensaio de penetração de líquidos (PT):**

Na amostra (A) não aparece qualquer defeito, mas na amostra (B) a indicação circular vermelha é o defeito de porosidade.

Na amostra (A), o elétrodo foi aquecido até 180°C, mas na amostra (B) o elétrodo foi arrefecido, humedecido e contaminado. Para evitar a porosidade, o soldador deve aquecer o elétrodo até 180°C.

Para mover a humidade e não deixar o elétrodo contaminado. Todos os métodos dão os mesmos resultados.

4.2.2 Inclusão de escória:

- **Ensaios radiográficos (RT):**

A amostra (A) tem escória interna a uma distância de (2cm), a partir de (4-5) cm a escória aparece com porosidade, o que é normal, mas na amostra (B) não aparece escória.

- **Ensaios ultra-sónicos (UT):**

Na amostra (A) e na amostra (B), ambas foram aquecidas até 180°C, e a superfície da amostra (B) foi limpa entre os passes de soldadura e o elétrodo não deve estar contaminado. Mas a amostra (A) não foi limpa. Na amostra (A) havia dois ecos com a mesma altura, o que indica uma inclusão interna de escória, enquanto na amostra (B) não apareciam ecos, o que significa que não havia defeito.

4.2.3 Corte inferior:

- Ensaios radiográficos (RT):

Na amostra (A), o defeito de subcotação apareceu de (0-5) cm e de (5-6) cm no filme, mas na amostra (B) não apareceu nenhuma subcotação no filme (3.29). Mas na amostra (B) não apareceu nenhum corte inferior porque o elétrodo tinha uma quantidade de calor adequada e um soldador qualificado. O resultado foi o mesmo.

4.2.4 Falta de penetração:

> **Teste visual (VT):**

Na amostra (A) o defeito de penetração não aparece a partir de (0-3) cm, é visto a olho nu, mas na amostra (B) o defeito de penetração aparece à distância (3-5).

> **Ensaios radiográficos (RT):**

A amostra (A) não apresenta penetração na película (3.32), o que significa que não há penetração, mas na amostra (B) o defeito de penetração aparece na película (3.33). A amostra (A) foi selecionada e soldada com os mesmos parâmetros na máquina de soldar, com baixa corrente e baixa miliamperagem, não se observa penetração. Em seguida, a corrente foi alterada para uma corrente adequada e uma miliamperagem adequada, a penetração aparece como branco no filme. A principal causa da penetração foi a indicação de má habilidade do soldador, para resolver este problema a corrente adequada é usada.

4.2.5 Fissuras:

> **Ensaio de partículas magnéticas (MT):**

A amostra (A) não apresenta defeitos, mas na amostra (B) aparecem fissuras a partir de (5-6) cm.

> **Ensaios radiográficos (RT):**

Na amostra (A) não aparece nenhum defeito na película (fissuras), mas na amostra (B) havia fissuras de (5-6) cm.

> **Ensaio de penetração de líquidos (PT):**

Após a soldadura das amostras, a amostra (B) é subitamente vertida diretamente com água fria, o que provoca o aparecimento de fissuras. Enquanto que a amostra (A) não apresenta fissuras depois de ter sido deixada sem deitar água. Na amostra (A) não aparecem fissuras, mas na amostra (B) há uma fissura pouco profunda.

Avisos:

> É necessário um soldador qualificado para evitar os defeitos.

> Antes da soldadura, o soldador deve limpar a superfície dos metais.

> Os engenheiros do sector petrolífero devem receber formação sobre a utilização de métodos END.

> Recomendou ao diretor do departamento de física que construísse um centro NDT com a cooperação da administração da universidade.

> A deteção de NDT é a ciência moderna no Sudão, pelo que é importante adicioná-la ao currículo das universidades, em particular da Universidade de Albutana.

CAPÍTULO 5
CONCLUSÃO E RECOMENDAÇÕES

5.1 Conclusão:

O estudo foi concluído após o estudo da fundamentação teórica e, na prática, os resultados mostram que:

- As amostras foram soldadas com os mesmos parâmetros para obter defeitos.
- Para detetar os defeitos das amostras, estas foram verificadas por métodos de ensaio não destrutivos (métodos NDT) como o ensaio visual, o ensaio radiográfico, o ensaio ultrassónico, o ensaio de partículas magnéticas e o ensaio de penetração de líquidos.
- Todos os métodos de ensaio não destrutivo dão os mesmos resultados de acordo com os defeitos na superfície ou no interior do metal.
- Os defeitos que foram verificados pelos métodos NDT são a porosidade, a inclusão de escória, a falta de penetração, a subcotação e a fissuração.

5.2 Recomendações:

O estudo recomendava os seguintes pontos:

O estudo recomenda a continuação da investigação neste domínio para verificar a existência dos restantes defeitos e identificar as suas causas e tratamento.

Referências:

- Arata Yoshiaki, TERAI Kiyoshi, Matsuda Shozo, Estudo sobre as características dos defeitos de soldadura e sua prevenção na soldadura por feixe de electrões (Relatório I): C , 2012
- Anatoly Dubov, Alexandr, et al, Application of the metal magnetic memory method for detection of defects at the initial stage of their development for prevention of failures of power engineering welded steel structures and steam turbine parts, 2009.
- Artigo técnico da ASPEC Engenharia de outubro de 2011.
- B.raj,t.jayakumar, m.thavasimuthu, practical non-destructive testing, second edition,narosa,2002.
- David J. Grieve, defeitos de soldadura, 18 de setembro de 2003.
- F.C. Campbell, Inspection of Metals "Understanding the Basics", ASM International, 2013.
- Jun Zhou e Hai-Lung Tsai, Formação e Prevenção de Porosidade na Soldadura por Laser Pulsado, 2013.
- Liquid Penetrant and Magnetic Particle Testing Level 2, "Training Guidelines in non-destructive Testing Techniques" agência internacional de energia atómica, 2000.
- M.Abdullah, entrevista, centro técnico do petróleo, 2016.
- Mohammed Abdalla Mohammed, técnico de NDT, técnico do centro petrolífero, 2016.
- Mohammed Omar, Non-destructive Testing Methods and New Applications, Impresso na Croácia, publicado pela primeira vez em fevereiro de 2012.
- Fundações nacionais de ciências, educação NDT, EUA, 2015.
- NDT italianas.rl, introdução à inspeção por partículas magnéticas ,2012
- Raghavan V, Ed (2001): material sciences and engineering prentice -Hall edition of India, New Delhi.
- Training welding ltd, 2010.
- Com a assistência técnica de: German Development Services, penetração líquida,

agosto de 2000.

- WWW. weldersuniverse.com, dezembro de 2016.

Printed by Books on Demand GmbH, Norderstedt / Germany